海口市

气象科普手册

海口市气象局 编著

气象出版社
China Meteorological Press

图书在版编目（CIP）数据

海口市气象科普手册 / 海口市气象局编著. --北京：气象出版社，2020.9

ISBN 978-7-5029-7249-3

Ⅰ.①海… Ⅱ.①海… Ⅲ.①气象灾害－灾害防治－海口－手册 Ⅳ.①P429-62

中国版本图书馆CIP数据核字（2020）第149221号

HAIKOUSHI QIXIANG KEPU SHOUCE

海口市气象科普手册

出版发行：气象出版社

地　　址：北京市海淀区中关村南大街46号　　**邮政编码**：100081

电　　话：010-68407112（总编室）　010-68408042（发行部）

网　　址：http://www.qxcbs.com　　**E-mail**：qxcbs@cma.gov.cn

责任编辑：殷　淼　邵　华　　**终　　审**：吴晓鹏

责任校对：张硕杰　　**责任技编**：赵相宁

封面设计：博雅思企划

印　　刷：北京地大彩印有限公司

开　　本：710 mm×1000 mm　1/16　　**印　　张**：4.25

字　　数：64千字

版　　次：2020年9月第1版　　**印　　次**：2020年9月第1次印刷

定　　价：25.00元

《海口市气象科普手册》 # 编委会

主　任：蔡亲波

成　员：吴海峰　杨昌贤　黄明旺　林觉雄
冯增丽

主　编：官满元　钟文婷

编写组：施　思　吴文娟　汤　驰　林　叶
刘经军　丁成慧　黄紫卉

前言

海口市地处低纬度热带北缘，北临琼州海峡，属于热带海洋性季风气候，冬春干旱，夏秋多雨，是台风、暴雨、高温、低温阴雨等气象灾害高影响区。为加强气象科普宣传，进一步提升社会公众的防灾减灾意识和灾害自救、互救能力，海口市气象局组织编写了《海口市气象科普手册》(以下简称《手册》)。

《手册》内容丰富，不仅涵盖了如台风、暴雨、寒冷、大风、高温、干旱、雷电、冰雹、龙卷、大雾、低温阴雨、城市内涝等影响海口市的主要灾害性天气的含义及防御措施，以及气象灾害预警信号等级的标准和防御指南等知识，还对回南天、海雾等对海南人民生活影响较大的天气现象进行了科学解读。

《手册》涉及的气象知识范围较广、针对性较强，图文并茂、生动直观，融科学性、实用性和趣味性于一体，适合普通公众阅读和学习。

承蒙海南省气象局蔡亲波研究员对本书的设计、取材、出版等工作给予专业指导和帮助，使得《手册》顺利出版，在此表示衷心感谢。

本书的取材、编排方式和内容可能存在商榷之处，疑误和疏漏在所难免，恳请读者批评指正！

目　录

第三章　天气预报知多少

第一章　海口市主要气象灾害及防御

气象灾害

什么是气象灾害

气象灾害是指大气运动及其演变对人类生命财产和国民经济以及国防建设造成的直接或间接的损失。气象灾害有20余种，海口市常见的有台风、暴雨、寒冷、大风、高温、干旱、雷电、大雾等。

气象灾害的类别

天气灾害

是指一次天气过程，如某一次暴雨、某一次冰雹、某一次寒潮等造成的气象灾害。

气候灾害

是指某一长时期内（月、季、年、数年到数百年以上）气象要素（温度、降水、风等）和天气过程的平均或统计状况出现异常而造成的灾害，例如该下雨的时节却久旱无雨，该是旱季却阴雨绵绵。

气象次生、衍生灾害

是指因气象灾害引起的山体滑坡、泥石流、森林火灾等灾害。例如暴雨是气象灾害，由暴雨引发的山体滑坡、泥石流等灾害就是次生灾害。

台　风

什么是台风

热带气旋与台风

热带气旋是发生在热带或副热带洋面上的低压涡旋，是一种强大而深厚的热带天气系统。

热带气旋的生成和发展需要巨大的能量，它形成于高温、高湿和其他气象条件适宜的热带洋面，其生命期为一周左右，短的只有 2 ～ 3 天，长的可达一个月左右。

强烈的热带气旋，不但形成狂风、巨浪，而且往往伴随发生暴雨、风暴潮，造成严重的灾害。

台风是发生在西北太平洋和南海、中心附近风力达 12 级及以上的热带气旋。

热带气旋等级划分

热带气旋按底层中心附近最大平均风速分为 6 个等级，分别是热带低压、热带风暴、强热带风暴、台风、强台风、超强台风。

热带气旋等级划分表

热带气旋等级名称	近地面中心附近最大平均风速（米/秒）	近地面中心附近最大风力
热带低压（TD）	10.8 ~ 17.1	6 ~ 7 级
热带风暴（TS）	17.2 ~ 24.4	8 ~ 9 级
强热带风暴（STS）	24.5 ~ 32.6	10 ~ 11 级
台风（TY）	32.7 ~ 41.4	12 ~ 13 级
强台风（STY）	41.5 ~ 50.9	14 ~ 15 级
超强台风（Super TY）	⩾ 51.0	16 级或以上

台风灾害

台风避险要点

◆ 关紧、加固门窗，将家中物品移至高处，准备好手电筒、蜡烛，储存饮用水、食物等，以防停水停电，检查家中电气安全。

◆ 可能受淹的低洼地区或危房人员应及时转移避险。

◆ 停止露天集体活动，停止田间劳动及水上作业。

◆ 清理排水管道，保持排水畅通。

◆ 幼儿园、学校应采取暂避措施，必要时停课。

◆ 不要到台风可能经过的地区游泳，更不要乘船出海。

◆ 如遇打雷，不要在山顶或高地停留，要避开孤立高耸的物体。

◆ 避开被大风吹断的高压电线和积水中的带电物体。

◆ 注意避开积水中的井盖。

◆ 强风刚过的短时“风小雨停”，可能是台风眼经过，不要急于到室外活动。

科普加油站

台风的命名

名字来源：由亚太地区的中国、中国香港、中国澳门、朝鲜、日本、老挝、柬埔寨、马来西亚、密克罗尼西亚联邦、菲律宾、韩国、泰国、美国和越南这 14 个台风委员会成员提供。

分组方式：将 140 个名字分成 10 组，每组 14 个名字（每个成员提供 1 个名字，按每个成员的字母顺序依次排列）。

使用方式：命名表按顺序循环使用。

命名与编号：由日本气象厅东京区域专业气象中心负责，按照台风委员会确定的命名表给达到热带风暴及其以上强度的热带气旋编号和命名，并按热带气旋命名、编号的次序进行排列（例如：0704，即 2007 年第 4 号台风）。

命名表调整：当某个台风造成了特别重大的灾害时，台风委员会成员可申请将该名称从命名表中删去。

台风的形成条件

◆ 广阔的暖洋面，海面水温在 26.5 ℃以上，提供热带气旋高温、高湿的空气。

◆ 地转参数大于一定值（纬度大于 5°的地区），有利于形成强大的低压涡旋。

◆ 对流层风速垂直切变减小，有利于热量聚集。

◆ 热带存在低层扰动，提供持续的质量、动量和水汽输入。

台风的结构

台风由中心向外由三部分组成，依次是台风眼区、云墙区和外围螺旋雨带。云墙区和外围螺旋雨带具有巨大的破坏力，带来强风、暴雨，而台风眼内则是风平浪静的晴好天气。

台风云系卫星云图

台风的源地和路径

台风的源地主要在赤道两侧低纬地带的 8 个地区。

影响我国的台风主要来自西北太平洋和南海。绝大部分台风出现在南北纬 5° ~ 20° 地区，赤道上没有台风生成。

台风的路径一般受 3 ~ 5 千米高空气流的引导，它的移动速度也同高空气流的流速有关系。

据统计，影响我国的热带气旋路径主要有 4 类：西移路径、西北移路径、转向路径、特殊路径（如打转、蛇行、停滞、突变等）。

热带气旋的移动速度平均为 20 ~ 30 千米 / 小时，转向时移速较慢，转向后移速较转向前要快些。

台风的益处

丰沛的雨水：增加水库蓄水量，有利于发电、灌溉、缓解干旱、减少森林火灾，改善淡水资源供应。

缓解高温：风雨的影响能够暂时缓解局部地区的高温天气。

保持热平衡：台风超强风力能驱动热带、亚热带地区的热量向温带、寒带移动，使地球保持热平衡。

增加捕鱼产量：强风将江海底部的营养物质卷上表层，吸引鱼群聚集，从而使渔获增加。

海口市的“台风之最”

影响最严重：2014 年第 9 号超强台风“威马逊”重创海口市，最大日降雨量为 399.8 毫米，最大过程累计降雨量达 509.2 毫米，并伴有 14 ~ 16 级阵风，全市受灾人口为 85.59 万人，直接经济损失达 93.59 亿。

影响时间最长：1958 年第 4 号台风对海口市的影响长达 11 天（常年影响日数为 4.4 天），对海口市造成了严重影响。

路径最“诡异”：2001 年第 4 号台风“菲特”先后两次登陆海南省。8 月 19 日 17 时登陆海南省文昌市之后向西北移动登陆广西壮族自治区北海市，而后向东移动穿越雷州半岛再向南折，于 9 月 10 日 05 时登陆海南省三亚市。

一年中影响时间最早：2008 年第 1 号台风“浣熊”于 4 月 18 日 22 时 30 分在海南省文昌市龙楼镇登陆，虽然对海口市只造成了一般影响，却是一年中影响海口市最早的台风。

一年中影响时间最晚：2001 年第 24 号热带低压“剑鱼”于 12 月 7 日早晨进入南海，9 日在南海中部减弱消失，海口市在此过程中累计降雨量达 111.6 毫米。

影响个数最多的年份：1973 年 7—11 月，先后有 10 个台风影响海口市，其中有 6 个台风对海口市造成中等程度的影响。

影响个数最多的月份：台风对海口市的影响一般集中在 8—10 月，8 月影响海口市的台风个数最多，占所有影响海口市台风总数的 23.9%。

暴　雨

什么是暴雨

凡 24 小时降雨量在 50 毫米及以上或 12 小时降雨量在 30 毫米及以上都被称为暴雨。其中，24 小时降雨量在 100 ~ 249.9 毫米或 12 小时降雨量在 70 ~ 139.9 毫米的被称为大暴雨；24 小时降雨量在 250 毫米及以上或 12 小时降雨量在 140 毫米及以上的被称为特大暴雨。长时间的暴雨容易产生积水，淹没低洼地区，造成洪涝灾害。

不要低估洪水的力量

15 厘米深的洪水可以冲倒一名成年人；30 厘米深的洪水可以冲走一辆小汽车；45 ~ 60 厘米深的洪水可以冲走大部分大型 SUV、货车和卡车。

暴雨避险要点

◆ 检查房屋，如果是危旧房屋或处于地势低洼的地方，应及时转移。

◆ 提前收拾置于露天的物品，将家中贵重物品置于高处。

◆ 检查电路等设施是否安全，关闭电源总开关，确保下水道通畅。

◆ 避免外出，立即停止田间农事活动和户外活动，户外人员应立即到地势高的地方暂避。

◆ 驾驶员遇路面积水过深时，应尽量绕行，切勿盲目涉水。若汽车熄火应立即离开，下车到高处等待救援。

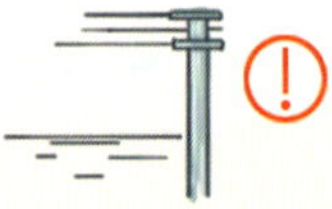

◆ 在积水中行走时应注意观察积水深浅，避免接触高压铁塔、落地广告牌等金属。

◆ 注意夜间的暴雨，提防危旧房屋倒塌伤人。

寒　冷

寒冷与寒潮的区别

寒潮是指北方强冷空气加强南下，造成大范围剧烈降温、大风和降水天气，使日最低气温 24 小时内降温幅度≥ 8 ℃，且日最低气温≤ 4 ℃的冷空气活动。而身处热带地区的海南省，日最低气温一般达不到≤ 4 ℃，为了区别于寒潮，规定日最低气温 24 小时内降温幅度≥ 8 ℃，且日最低气温≤ 15 ℃的冷空气活动为寒冷。寒冷灾害可以引发低温、寡照、大风等多种自然灾害，给农业、渔业甚至人们的健康带来危害。

寒冷避险要点

◆ 注意添衣保暖，照顾好老、弱、病人。

◆ 对牲畜、家禽和水产品、热带水果及农作物等采取防寒措施。

◆ 做好大风防范工作。

大　风

什么是大风

当瞬时风速达到或超过 17.2 米 / 秒，即风力达到 8 级或以上时，就称作大风。在海口市，灾害性大风常由台风、强雷暴、龙卷、强冷空气等天气系统所致，它能吹倒庄稼、折断电线杆、倒房翻车、助长火灾等，严重影响人们的生产生活。

大风避险要点

◆ 关好门窗，加固室外搭建物。

◆ 如遇危房，应立即搬出。

◆ 社区里的幼儿园、学校应采取暂避措施，建议停课。

◆ 暂停户外活动和室内大型集会。

◆ 老、弱、病、幼人群切勿在大风天气外出。

◆ 远离大树、广告牌、临时搭建物等。

◆ 禁止水面作业，船舶应回港避风。

◆ 注意森林防火。

科普加油站

几种灾害性大风

冷空气大风：直线风，范围在数千千米，影响时间为几小时至几天，平均风力可达4～5级，阵风达6～8级。

雷雨大风：直线风，范围在几千米到几十千米，影响时间为几分钟到几小时，风力可达8级，甚至12～13级，威力堪比台风。

龙卷：旋转风，水平直径为几米到几千米，持续时间为几分钟到几十分钟，形似漏斗，能产生自然界中最强的风，风速为105～322千米/时，甚至更强。

风力等级歌

零级无风炊烟上

一级软风烟稍斜

二级轻风树叶响

三级微风树枝晃

四级和风灰尘起

五级清风水起波

六级强风大树摇

七级疾风步难行

八级大风树枝折

九级烈风烟囱毁

十级狂风树根拔

十一级暴风陆罕见

十二级飓风（台风）浪滔天

高　温

什么是高温

高温是指日最高气温达到 35 ℃以上的天气。

高温是一种灾害性天气，连续高温酷暑会使人体不能适应而影响生理、心理健康，甚至引发疾病或死亡。

高温避险要点

10：00—16：00

◆ 白天尽量避免或减少户外活动，尤其是 10—16 时不要在烈日下外出运动或劳动。

◆ 不宜在阳台、树下或露天睡觉；适当晚睡早起，中午宜午睡。

◆ 室外劳动时应戴上草帽、穿浅色衣服，并带上充足的饮用水和防暑药品，如感到头晕不舒服应立即停止劳动，到阴凉处休息。

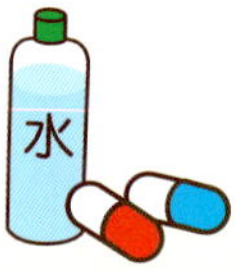

◆ 浑身大汗时，不宜立即用冷水洗澡，应先擦干汗水，稍微休息一会儿，再用温水洗澡。

◆ 室内空调、电扇不要直接对着头部或身体的某一部位长时间吹。

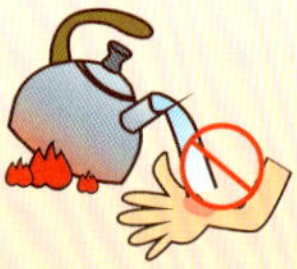

◆ 避免皮肤被蚊虫咬伤、开水烫伤等，预防因气温高、细菌繁殖而造成的感染。

◆ 不吃蚊虫叮咬过的食品，少喝生水，注意饮食卫生。

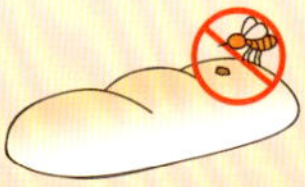

防范高温无处不在！

◆ 工地：及时补充水分，减少烈日下的作业时间。

◆ 汽车：切勿让孩子或宠物单独留在车中。

◆ 室内：幼儿、老人及体弱者要更加注意防暑。

◆ 户外：减少剧烈的户外活动，尽量待在阴凉处，注意多喝水。

森林防火

◆ 如果发现火情，请拨打森林防火报警电话“12119”报告火情。

◆ 不要靠近！火势可能改变方向迅速蔓延。

◆ 先让自己远离危险，再寻求帮助。

科普加油站

高温天气的使者

副热带高压：副热带高压是太平洋上深厚的大尺度天气系统，其位置会随季节南北摆动。在副热带高压控制的区域，气流下沉，天气晴热。每年 6—8 月，海南省在副热带高压的控制下，气温较高。

西南低压：处于热带季风区的海南省，夏季盛行西南季风，经过过山（越南）气流的下沉增温和相对偏干的晴空辐射加热作用，易出现高温天气。

封闭的车内增温很快

干　旱

什么是干旱

干旱是指因水分收支或供求不平衡而形成的持续水分短缺现象。气象干旱分为无旱、轻旱、中旱、重旱、特旱 5 个等级。从自然因素来说，干旱的发生主要与偶然性或周期性的降水减少有关。

干旱避险要点

◆ 因地制宜实行农、林、牧相结合的生态结构，改善农业生态环境。

◆ 科学用水，节约用水，充分发挥现有水资源效益，合理分配生活用水、农业用水、工业用水。

◆ 气象部门抓住有利条件开展人工增雨作业。

雷　电

什么是雷电

雷电是在雷暴天气条件下发生的伴有闪电和电鸣的一种雄伟壮观而又令人生畏的放电现象。雷电分为云地闪、云际闪和云内闪，其中云地闪会对人和建筑物造成危害，云内闪对人类危害最小。雷电感应（电磁脉冲）主要影响电子设备。

雷电避险要点

室外雷电避险

◆ 停止所有室外活动。

◆ 进入汽车或有避雷设施的稳固建筑物内躲避。

◆ 远离电线杆、烟囱、大树等尖耸、孤立的物体。

◆ 避开空地和水体，避免站在树下或躺在地上。

◆ 在空旷场地不要打伞，不要将锄头等金属工具扛在肩上。

◆ 人群集中时，应尽快散开。

◆ 寻找地势低洼的地方蹲下，双脚并拢，手放膝上，身体前屈，临时躲避。

◆ 切忌奔跑。

◆ 切忌游泳。

◆ 切忌进行水上作业。

◆ 不宜开摩托车、骑自行车赶路。

户外作业雷电防御

◆ 户外作业时，如果听到雷声，立即停止工作。

◆ 远离高处，包括屋顶、脚手架、电线杆和梯子等。

◆ 远离大型设备，如推土机、起重机、挖土机、装载机和拖拉机等。

◆ 请勿碰触可导电的材料，包括金属设备、管道、水、水管等。

◆ 远离易燃易爆物。

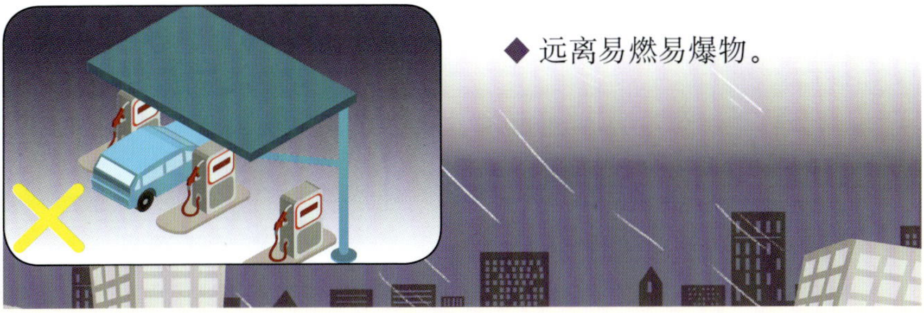

室内雷电避险

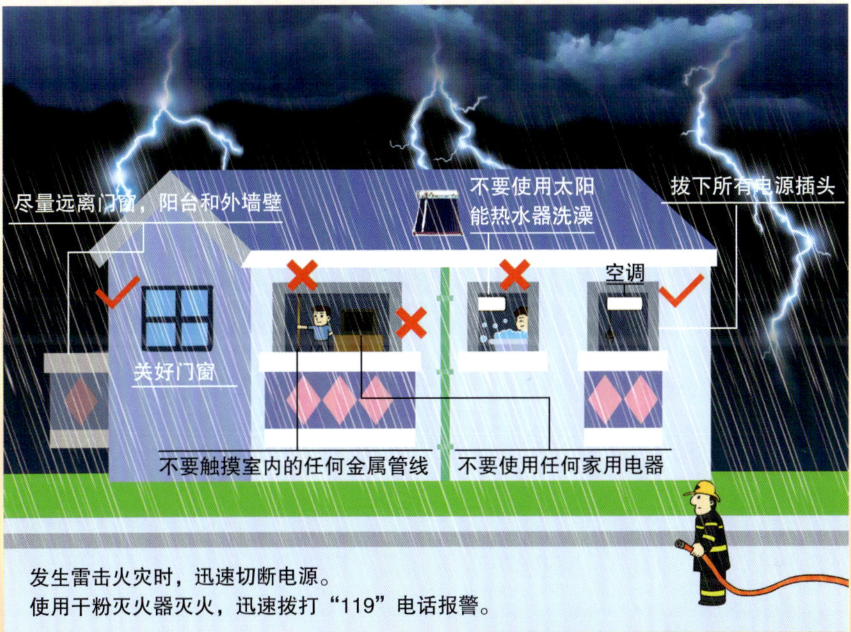

雷暴过后，要等待30分钟才能恢复室外活动。

安全捕鱼需做好防雷措施

◆ 请提前关注天气预报。

◆ 确保可以及时收到天气预警信息。

◆ 注意防范雷击导致的船只火灾或电子设备损坏。

◆ 船员应提高警惕，提前了解雷暴是否可能发生，做好逃生准备。

◆ 雷暴发生时，注意防范大风。

科普加油站

雷电是怎么形成的

雷电主要发生在积雨云最为强盛的成熟阶段，云的上部带有正电荷，下部几乎全是负电荷，带负电的云底直接改变了地面的带电状况，当云底的电场在其下部释放出电子时，空气立即被电离化，闪电实际上是云和地表之间非常快的电击。此时，空气迅速被加热，就会爆裂膨胀发出巨大声响，形成雷声。

雷击的方式

直接雷击：雷电直接击中受害者，电流通过受害者身体，在皮肤表面移动产生的热量会造成灼伤。直接雷击容易发生在空旷地区。

旁侧雷击：物体被雷电击中，产生的高电压击穿就近空气，造成人员伤亡。在树下避雨时容易发生旁侧雷击。

跨步电压：当雷电击中物体时，大部分能量从地面传播，地面呈现不同电位分布，两脚间（约 0.8 米）的电位差可致人伤亡。

接触雷击：雷击中物体时，电流在物体内流动可使该物体产生较大的电压，此时若人接触该物体（如电源插座、水龙头、门窗等），会导致触电伤亡。

雷雨大风

什么是雷雨大风

雷雨大风是指出现雷、雨天气现象的同时，平均风力≥ 6 级、阵风≥ 8 级的天气现象。当雷雨大风发生时，乌云滚滚，电闪雷鸣，狂风夹伴强降水，有时伴有冰雹。

雷雨大风避险要点

◆ 应迅速躲入有防雷设施保护的建筑物内；汽车内也是躲避雷击的理想地点。

◆ 远离树木、电线杆、烟囱等尖耸、孤立的物体。

◆ 不宜进入孤立的棚屋、岗亭等低矮建筑物；一定要远离输电线。

◆ 在空旷的场地不要打雨伞，不要把锄头等金属工具扛在肩上。

◆ 切忌游泳或从事水上作业，尽快离开水面及其他空旷场地。

◆ 在相关水域水上作业人员和过往的船舶应及时回港避风，加固港口设施。

◆ 机场、高速公路、水上交通等单位应当采取保障交通安全的措施。

◆ 不宜开摩托车、骑自行车赶路，打雷时切忌狂奔。

冰　雹

什么是冰雹

冰雹是从发展强盛的积雨云中降下的圆球形、圆锥形或形状不规则的一种固态降水，常伴随雷暴出现。

冰雹的等级

根据地面气象观测测得的冰雹最大直径（D）分为：

- 小冰雹（$D<5$ 毫米）；
- 中冰雹（5 毫米$\leqslant D<20$ 毫米）；
- 大冰雹（20 毫米$\leqslant D<50$ 毫米）；
- 特大冰雹（$D\geqslant 50$ 毫米）。

冰雹避险要点

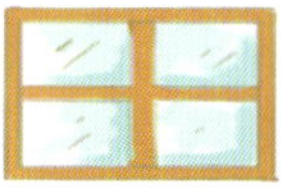

◆ 关好门窗，妥善安置好易受冰雹影响的室外物品。

◆ 切勿随意外出，确保老人、小孩留在家中。

◆ 暂停户外活动，如在户外，不要在高楼屋檐下、烟囱、电线杆或大树底下躲避冰雹。

◆ 在防冰雹的同时，也要做好防雷电的准备。

科普加油站

冰雹是怎么形成的？

春末夏初，大气不稳定，云中垂直上升气流强盛，能把小水滴推到冻结高度以上结成小冰晶，小冰晶在下降过程中吸附云中的过冷水逐渐增长，如果遇到强烈的上升气流，又会继续抬升到冻结高度以上，如此往复，小冰晶不停地在云中上下翻滚直至长到足够大，最后冲破上升气流的阻力降落到地面。

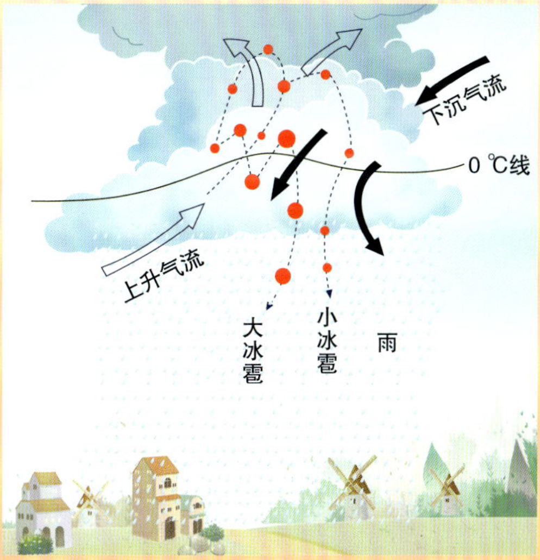

水滴缓慢冻结时，气泡相对较少，冰层呈透明状；若过冷水滴迅速冻结则形成不透明的冰层。因此，冰雹是由透明或半透明的冰层逐渐包裹起来的圆形固体，小如豆粒，大若鸡蛋。

龙　卷

什么是龙卷

龙卷是一种从强对流积雨云中伸向地面的小范围强烈旋风，可能伴有暴雨、雷电或冰雹。由于其发生地点不确定和风力猛烈，每年都会造成许多人员伤亡，有些遭遇过龙卷的地区几乎完全被摧毁。

龙卷避险要点

◆ 如在室内，务必远离门窗和房屋的外围墙壁，保护好自己的头部。

◆ 立刻离开危房或简易的临时住处。

◆ 寻找附近的地下室或半地下室躲避。

◆ 如在车上，应立即离开，到公路旁的低洼地躲避。

◆ 在公共场所，要服从指挥，有秩序地向指定地点疏散。

大　雾

什么是雾

雾是指近地面的空气层中悬浮着大量的由微小水滴或冰晶组成的水汽凝结物（常呈乳白色），使水平能见度降到1000米以下的天气现象。当水平能见度小于500米时，气象部门会发布大雾预警信号，持续的大雾会对海、陆、空交通运输造成严重影响。

雾的预报等级

根据水平能见度大小，可将雾的预报等级划分为5级。

雾的预报等级表

（单位：米）

种类	能见度 V	种类	能见度 V
轻雾	$1000 \leqslant V < 10000$	强浓雾	$50 \leqslant V < 200$
大雾	$500 \leqslant V < 1000$	特强浓雾	$V < 50$
浓雾	$200 \leqslant V < 500$		

大雾避险要点

◆ 减少户外活动，暂停晨练。

◆ 机场、高速公路、轮渡码头等单位加强交通管理，保障安全。

◆ 驾驶人员注意雾的变化，小心驾驶。

科普加油站

海口市的大雾

海口市的大雾多发生在冬春凌晨至清晨，主要为锋面雾、辐射雾、平流雾。

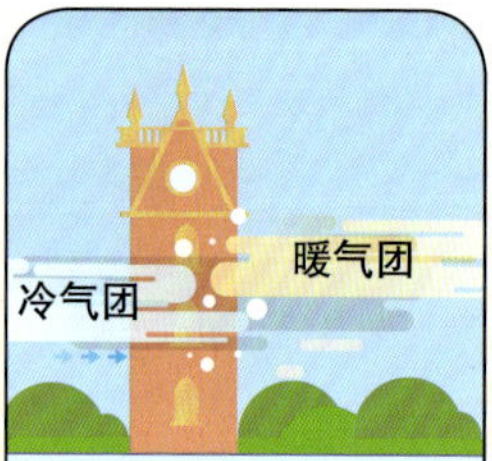

锋面雾：冷空气南下，在冷暖空气交汇的锋面附近水汽饱和而形成锋面雾，任何时段均可出现。

辐射雾：冬末初春，昼夜温差大，地面风速较小，地面水汽受辐射降温凝结而形成辐射雾。

平流雾：冷空气影响过后，气温逐渐升高，暖气流移到冷的下垫面时出现逆温，极易出现平流雾。

海雾的影响

当温暖潮湿的空气流过相对较冷的水域时会形成海雾。海雾持续时间长，影响范围广。

◆ 海雾会降低海上能见度，给船舶定位和导航带来困难。

◆ 在海雾中，驾驶人员难以选择航线，不能及时避让和安全航行，容易发生船舶碰撞事故，同时也会增加搜救难度。

◆ 港口和航道作为大量船舶集结的地方，受海雾的影响更大，当港口水域能见度低于 1 千米时，会按规定加强船舶管制或暂停进出港作业。

霾

什么是霾

霾是指大量极细微的干尘粒均匀地漂游在空中，使水平能见度小于 10 千米的空气普遍浑浊现象，一般呈黄色或橙灰色。

霾的组成成分非常复杂，其中 $PM_{2.5}$ 粒子能直接进入并黏附在人体呼吸道和肺叶中，诱发呼吸道疾病。

雾与霾的区别

雾与霾的区别

项　目	雾	霾
水平能见度	小于 1 千米	小 10 千米
相对湿度	大于 95%	小于 80%
厚度	小于 200 米	1 ～ 3 千米
边界特征	比较明显	无明显边界
颜色	乳白色	黄色、橙灰色、蓝灰色
日变化	午夜或清晨常见	无明显日变化

霾避险要点

◆ 减少户外活动，外出时戴专用口罩防护。

◆ 行车减速慢行，注意路况。

◆ 适度减少运动，不要在早晨锻炼。

低温阴雨

什么是低温阴雨

低温阴雨是指连续多日阴雨并伴随气温下降的天气现象。

低温阴雨为海南省北部冬春季节主要自然灾害。每年 12 月至翌年 3 月受东北季风影响，冷空气南下频繁，其造成的低温阴雨会对早稻及荔枝、龙眼等经济作物造成较大的损失。

低温阴雨避险要点

◆ 加强作物、果树的田间管理。

◆ 对于春收作物，如遇低温阴雨天气，要尽量排除田间积水，防止湿害。

◆ 确定适合的作物品种和播种期，避开低温时段。

◆ 采用薄膜覆盖或者烟熏的方式提高近地面温度。

城市内涝

什么是城市内涝

城市内涝是指由于强降水或连续性降水超过城市排水能力，致使城市内产生积水的灾害。城市内涝会影响交通，给人们的出行带来不便，同时也会引发次生灾害。

城市内涝避险要点

◆ 关闭电源、煤气，尽快撤到楼顶避险。

◆ 搜集适合漂浮的工具，准备药品、通信工具。

◆ 雨天如果汽车在低洼处抛锚，要及时离开汽车到高处等待救援。

◆ 被洪水包围时，尽快与防汛部门取得联系，积极寻求救援。

◆ 不可攀爬带电的电线杆、铁塔等。

◆ 迅速远离倾斜的高压线铁塔或者断开后下垂的电线。

◆ 及时关注城市内涝预警信息和积水路段信息。

回南天

什么是回南天

回南天是指长时间的低温天气之后，突然受暖湿气流影响，气温开始回暖而湿度开始回升的天气现象。回南天时，因室内物体表面气温比室外的暖湿气体温度低，会导致地板或墙壁出现“出水”的现象。

回南天防御措施

◆ 提前密闭门窗，尤其是中午气温最高的时候不要开窗。

◆ 在风向转为北风的时候将门窗打开。

◆ 在家中放置除湿剂。

◆ 可利用空调或抽湿机除湿。

第二章　海口市
主要气象灾害预警信号

气象灾害预警信号

什么是气象灾害预警信号

气象灾害预警信号是各级气象主管机构所属的气象台站向社会公众发布的预警信息。

气象灾害预警信号（以下简称预警信号）由名称、图标、标准和防御指南组成，按照气象灾害可能造成的危害程度、紧急程度和发展态势一般划分为四级，分别用蓝色、黄色、橙色、红色四种颜色，依次表示将有一般、较重、严重和特别严重的气象灾害事件发生。

获取气象预警信息的途径

电视

广播

网站

报纸

电子显示屏

“大喇叭”

电话

短信

微博

微信

海口市主要气象灾害预警信号

海口市主要气象灾害预警信号分为：台风、暴雨、寒冷、大风、高温、干旱、雷电、冰雹、大雾、雷雨大风十类。

台风预警信号

台风预警号分为四级，分别以蓝色、黄色、橙色和红色表示。

台风蓝色预警信号

图标：

标准：24 小时内可能或者已经受热带气旋影响，沿海或者陆地平均风力达 6 级以上，或者阵风 8 级以上并可能持续。

防御指南

1. 政府及相关部门按照职责做好防台风准备工作；

2. 停止露天集体活动和高空等户外危险作业；

3. 相关水域水上作业和过往船舶采取积极的应对措施，如回港避风或者绕道航行等；

4. 加固门窗、围板、棚架、广告牌等易被风吹动的搭建物，切断危险的室外电源。

台风黄色预警信号

图标：

标准：24 小时内可能或者已经受热带气旋影响，沿海或者陆地平均风力达 8 级以上，或者阵风 10 级以上并可能持续。

防御指南

1. 政府及相关部门按照职责做好防台风应急准备工作；

2. 停止室内外大型集会和高空等户外危险作业；

3. 相关水域水上作业和过往船舶采取积极的应对措施，加固港口设施，防止船舶走锚、搁浅和碰撞；

4. 加固或者拆除易被风吹动的搭建物，人员切勿随意外出，确保老人小孩留在家中最安全的地方，危房人员及时转移；

5. 相关部门对世纪大桥实施封桥措施。

台风橙色预警信号

图标：

标准：12 小时内可能或者已经受热带气旋影响，沿海或者陆地平均风力达 10 级以上，或者阵风 12 级以上并可能持续。

防御指南

1. 政府及相关部门按照职责做好防台风应急和抢险工作；

2. 停止集会、停课、停业（除特殊行业外）；

3. 相关水域水上作业和过往船舶应当回港避风，加固港口设施，防止船舶走锚、搁浅和碰撞；

4. 加固或者拆除易被风吹动的搭建物，人员应当尽可能待在防风安全的地方，当台风中心经过时风力会减小或者静止一段时间，切记强风将会突然吹袭，应当继续留在安全处避风，危房人员及时转移；

5. 相关部门对世纪大桥实施封桥措施；

6. 相关地区应当注意防范强降水可能引发的山洪、地质灾害。

台风红色预警信号

图标：

标准：6小时内可能或者已经受热带气旋影响，沿海或者陆地平均风力达12级以上，或者阵风14级以上并可能持续。

防御指南

1. 政府及相关部门按照职责做好防台风应急和抢险工作；

2. 停止集会、停课、停业（除特殊行业外）；

3. 回港避风的船舶要视情况采取积极措施，妥善安排人员留守或者转移到安全地带；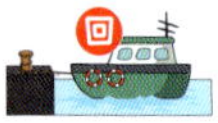

4. 加固或者拆除易被风吹动的搭建物，人员应当尽可能待在防风安全的地方，当台风中心经过时风力会减小或者静止一段时间，切记强风将会突然吹袭，应当继续留在安全处避风，危房人员及时转移；

5. 相关部门对世纪大桥实施封桥措施；

6. 相关地区应当注意防范强降水可能引发的山洪、地质灾害。

暴雨预警信号

暴雨预警信号分二级，分别以橙色、红色表示。

暴雨橙色预警信号

图标：

标准：6小时内降雨量将达100毫米以上，或者已达100毫米以上且降雨可能持续。

防御指南

1. 政府及相关部门按照职责做好防暴雨应急工作；

2. 切断有危险的室外电源，暂停户外作业；

3. 处于危险地带的单位应当停课、停业，采取专门措施保护已到校学生、幼儿和其他上班人员的安全；

4. 做好城市、农田的排涝，注意防范可能引发的山洪、滑坡、泥石流等灾害。

暴雨红色预警信号

图标：

标准：3 小时内降雨量将达 100 毫米以上，或者已达 100 毫米以上且降雨可能持续；或 12 小时内将达 200 毫米以上，或已达 200 毫米以上且降雨可能持续。

防御指南

1. 政府及相关部门按照职责做好防暴雨应急和抢险工作；

2. 停止集会、停课、停业（除特殊行业外）；

3. 做好山洪、滑坡、泥石流等灾害的防御和抢险工作。

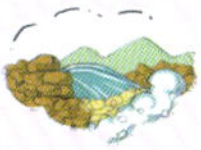

寒冷预警信号

寒冷预警信号分三级，分别以黄色、橙色、红色表示。

寒冷黄色预警信号

图标：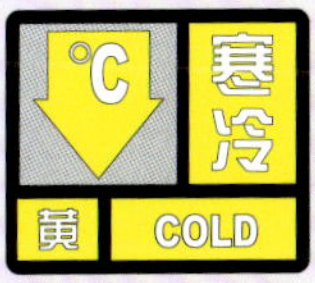

标准：因北方冷空气侵袭，24 小时内最低气温将下降 8 ℃以上，且最低气温小于 15 ℃。

防御指南

1. 政府及有关部门按照职责做好防寒准备工作；

2. 注意添衣保暖；

3. 对热带作物、水产品采取一定的防护措施；

4. 做好冷空气大风防范工作。

寒冷橙色预警信号

图标：

标准：因北方冷空气侵袭，24 小时内最低气温将下降 4 ℃以上，且最低气温小于 10 ℃。

防御指南

1. 政府及有关部门按照职责做好防寒工作；

2. 注意添衣保暖，照顾好老、弱、病人；

3. 对牲畜、家禽和热带水果及有关水产品、农作物等采取防寒措施；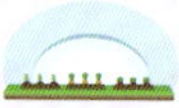

4. 做好冷空气大风防范工作。

寒冷红色预警信号

图标：

标准：因北方冷空气侵袭，24 小时内最低气温将下降 4 ℃以上，且最低气温小于 5 ℃。

防御指南

1. 政府及相关部门按照职责做好防寒的应急工作；

2. 注意防寒保暖；

3. 农业、水产养殖业等要积极采取防寒措施，尽量减少损失；

4. 做好冷空气大风防范工作。

大风预警信号

大风（除台风外）预警信号分四级，分别以蓝色、黄色、橙色、红色表示。

大风蓝色预警信号

图标：

标准：24小时内可能受大风影响，平均风力可达6级以上，或者阵风7级以上；或者已经受大风影响，平均风力为6～7级，或者阵风7～8级并可能持续。

防御指南

1. 政府及相关部门按照职责做好防大风工作；

2. 关好门窗，加固围板、棚板、广告牌等易被风吹动的搭建物，妥善安置易受大风影响的室外物品，遮盖建筑物资；

3. 相关水域水上作业和过往船舶采取积极的应对措施，如回港避风或者绕道航行等；

4. 行人注意尽量少骑自行车，刮风时不要在广告牌、临时搭建物等下面逗留；

5. 有关部门和单位注意森林防火。

大风黄色预警信号

图标：

标准：12 小时内可能受大风影响，平均风力可达 8 级以上，或者阵风 9 级以上；或者已经受大风影响，平均风力为 8 ～ 9 级，或者阵风 9 ～ 10 级并可能持续。

防御指南

1. 政府及相关部门按照职责做好防大风工作；

2. 停止露天活动和高空等户外危险作业，危险地带人员和危房居民尽量转到避风场所避风；

3. 相关水域水上作业和过往船舶采取积极的应对措施，加固港口设施，防止船舶走锚、搁浅和碰撞；

4. 切断户外危险电源，妥善安置易受大风影响的室外物品，遮盖建筑物资；

5. 机场、高速公路等单位应当采取保障交通安全的措施，有关部门和单位注意森林防火。

大风橙色预警信号

图标：

标准：6 小时内可能受大风影响，平均风力可达 10 级以上，或者阵风 11 级以上；或者已经受大风影响，平均风力为 10 ～ 11 级，或者阵风 11 ～ 12 级并可能持续。

防御指南

1. 政府及相关部门按照职责做好防大风应急工作；

2. 房屋抗风能力较弱的中小学校和单位应当停课、停业，人员减少外出；

3. 相关水域水上作业和过往船舶应当回港避风，加固港口设施，防止船舶走锚、搁浅和碰撞；

4. 切断危险电源，妥善安置易受大风影响的室外物品，遮盖建筑物资；

5. 机场、铁路、高速公路、水上交通等单位应当采取保障交通安全的措施，有关部门和单位注意森林防火。

大风红色预警信号

图标：

标准：6 小时内可能受大风影响，平均风力可达 12 级以上，或者阵风 13 级以上；或者已经受大风影响，平均风力为 12 级以上，或者阵风 13 级以上并可能持续。

防御指南

1. 政府及相关部门按照职责做好防大风应急和抢险工作；

2. 人员应当尽可能停留在防风安全的地方，不要随意外出；

3. 回港避风的船舶要视情况采取积极措施，妥善安排人员留守或者转移到安全地带；

4. 切断危险电源，妥善安置易受大风影响的室外物品，遮盖建筑物资；

5. 机场、铁路、高速公路、水上交通等单位应当采取保障交通安全的措施，有关部门和单位注意森林防火。

高温预警信号

高温预警信号分二级，分别以橙色、红色表示。

高温橙色预警信号

图标：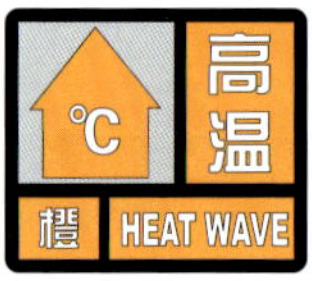

标准：24 小时内最高气温将升至 37 ℃以上。

防御指南

1. 有关部门和单位按照职责落实防暑降温保障措施；

2. 尽量避免在高温时段进行户外活动，高温条件下作业的人员应当缩短连续工作时间；

3. 对老、弱、病、幼人群提供防暑降温指导，并采取必要的防护措施；

4. 有关部门和单位应当注意防范因用电量过高，以及电线、变压器等电力负载过大而引发的火灾。

高温红色预警信号

图标：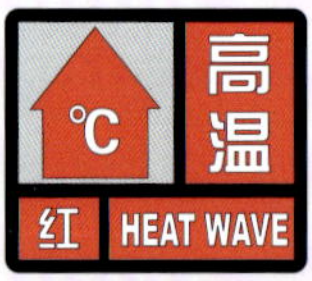

标准：24 小时内最高气温将升至 40 ℃以上。

防御指南

1. 有关部门和单位按照职责采取防暑降温应急措施；

2. 停止户外露天作业（除特殊行业外）；

3. 对老、弱、病、幼人群采取保护措施；

4. 有关部门和单位要特别注意防火。

干旱预警信号

干旱预警信号分二级，分别以橙色、红色表示。

干旱橙色预警信号

图标：

标准：预计未来一周综合气象干旱指数达到重旱（气象干旱为 25 ～ 50 年一遇），或者某一县（区）有 40% 以上的农作物受旱。

防御指南

1. 有关部门和单位按照职责做好防御干旱的应急工作；

2. 有关部门启用应急备用水源，调度辖区内一切可用水源，优先保障城乡居民生活用水和牲畜饮水；

3. 压减城镇供水指标，优先经济作物灌溉用水，限制大量农业灌溉用水；

4. 限制非生产性高耗水及服务业用水，限制排放工业污水；

5. 气象部门适时进行人工增雨作业。

干旱红色预警信号

图标：

标准：预计未来一周综合气象干旱指数达到特旱（气象干旱为 50 年以上一遇），或者某一县（区）有 60% 以上的农作物受旱。

防御指南

1. 有关部门和单位按照职责做好防御干旱的应急和救援工作；

2. 各级政府和有关部门启动远距离调水等应急供水方案，采取提外水、打深井、车载送水等多种手段，确保城乡居民生活和牲畜饮水；

3. 限时或者限量供应城镇居民生活用水，缩小或者阶段性停止农业灌溉供水；

4. 严禁非生产性高耗水及服务业用水，暂停排放工业污水；

5. 气象部门适时加大人工增雨作业力度。

雷电预警信号

雷电预警信号分三级，分别以黄色、橙色、红色表示。

雷电黄色预警信号

图标：

标准：6小时内可能发生雷电活动，可能会造成雷电灾害事故。

防御指南

1. 政府及相关部门按照职责做好防雷防风工作；

2. 密切关注天气，尽量避免户外活动；

3. 把门窗、围板、棚架、临时搭建物等易被风吹动的搭建物固紧，人员应当尽快离开临时搭建物，妥善安置易受雷电大风影响的室外物品。

雷电橙色预警信号

图标：

标准：2小时内发生雷电活动的可能性很大，或者已经受雷电活动影响，且可能持续，出现雷电灾害事故的可能性比较大。

防御指南

1. 政府及相关部门按照职责落实防雷防风应急措施；

2. 人员应当留在室内，并关好门窗；

3. 户外人员应当躲入有防雷设施的建筑物或者汽车内；

4. 切断危险电源，不要在树下、电杆下、塔吊下避雨；

5. 在空旷场地不要打伞，不要把农具、羽毛球拍、高尔夫球杆等扛在肩上。

雷电红色预警信号

图标：

标准：2小时内发生雷电活动的可能性非常大，或者已经有强烈的雷电活动发生，且可能持续，出现雷电灾害事故的可能性非常大。

防御指南

1. 政府及相关部门按照职责做好防雷防风应急抢险工作；

2. 人员应当尽量躲入有防雷设施的建筑物或者汽车内，并关好门窗；

3. 切勿接触天线、水管、铁丝网、金属门窗、建筑物外墙，远离电线等带电设备和其他类似金属装置；

4. 尽量不要使用无防雷装置或者防雷装置不完备的电视、电话等电器；

5. 密切注意雷电预警信息的发布。

冰雹预警信号

冰雹预警信号分二级，分别以橙色、红色表示。

冰雹橙色预警信号

图标：

标准：6 小时内可能出现冰雹天气，并可能造成雹灾。

防御指南

1. 政府及相关部门按照职责做好防冰雹的应急工作；

2. 户外行人立即到安全的地方暂避；

3. 驱赶家禽、牲畜进入有顶蓬的场所，妥善保护易受冰雹袭击的汽车等室外物品或者设备；

4. 注意防御冰雹天气伴随的雷雨灾害。

冰雹红色预警信号

图标：

标准：2 小时内出现冰雹可能性极大，并可能造成重雹灾。

防御指南

1. 政府及相关部门按照职责做好防冰雹的应急和抢险工作；

2. 户外行人立即到安全的地方暂避；

3. 驱赶家禽、牲畜进入有顶蓬的场所，妥善保护易受冰雹袭击的汽车等室外物品或者设备；

4. 注意防御冰雹天气伴随的雷雨灾害。

大雾预警信号

大雾预警信号分三级，分别以黄色、橙色、红色表示。

大雾黄色预警信号

图标：

标准：12 小时内可能出现能见度小于 500 米的雾，或者已经出现能见度小于 500 米、大于等于 200 米的雾并将持续。

防御指南

1. 有关部门和单位按照职责做好防雾准备工作；

2. 机场、高速公路、轮渡码头等单位加强交通管理，保障安全；

3. 驾驶人员注意雾的变化，小心驾驶；

4. 户外活动注意安全。

大雾橙色预警信号

图标：

标准：6 小时内可能出现能见度小于 200 米的雾，或者已经出现能见度小于 200 米、大于等于 50 米的雾并将持续。

防御指南

1. 有关部门和单位按照职责做好防雾工作；

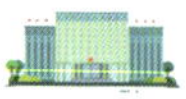

2. 机场、高速公路、轮渡码头等单位加强调度指挥；

3. 驾驶人员必须严格控制车、船的行进速度；

4. 减少户外活动。

大雾红色预警信号

图标：

标准：2 小时内可能出现能见度小于 50 米的雾，或者已经出现能见度小于 50 米的雾并将持续。

防御指南

1. 有关部门和单位按照职责做好防雾应急工作；

2. 有关单位按照行业规定适时采取交通安全管制措施，如机场暂停飞机起降、高速公路暂时封闭、轮渡暂时停航等；

3. 驾驶人员根据雾天行驶规定，采取雾天预防措施，根据环境条件采取合理行驶方式，并尽快寻找安全停放区域停靠；

4. 不要进行户外活动。

雷雨大风预警信号

雷雨大风预警信号分三组，分别以黄色、橙色、红色表示。

雷雨大风黄色预警信号

图标：

标准：6 小时内可能出现雷雨大风天气，风力达 7 ～ 9 级并伴有强雷电；或已经出现雷雨大风天气，风力达 7 ～ 9 级并伴有强雷电且可能持续。

防御指南

1. 政府及相关部门按照职责做好防风防雷工作；

2. 人员应当留在房屋抗风能力较好的室内，并关好门窗；

3. 户外人员应当躲入有防雷设施的建筑物或者汽车内；不要在树下、电杆下、塔吊下避雨；在空旷场地不要打伞，不要把农具等扛在肩上；

4. 切断危险电源，妥善安置易受大风影响的室外物品，遮盖建筑物资；

5. 机场、高速公路、水上交通等单位应当采取保障交通安全的措施；

6. 相关水域水上作业和过往船舶回港避风，加固港口设施。

雷雨大风橙色预警信号

图标：

标准：2 小时内可能出现雷雨大风天气，风力达 10 ～ 11 级并伴有强雷电；或已经出现雷雨大风天气，风力达 10 ～ 11 级并伴有强雷电且可能持续。

防御指南

1. 政府及相关部门按照职责做好防风防雷应急和抢险工作；

2. 人员应当尽可能停留在防风安全和有防雷设施的地方，不要随意外出，并关好门窗；

3. 切勿接触天线、水管、铁丝网、金属门窗、建筑物外墙，远离电线等带电设备和其他类似金属装置；尽量不要使用无防雷装置或者防雷装置不完备的电视、电话等电器；

4. 切断危险电源，妥善安置易受大风影响的室外物品，遮盖建筑物资；

5. 机场、铁路、高速公路、水上交通等单位应当采取保障交通安全的措施，回港避风的船舶要视情况采取积极措施，妥善安排人员留守或者转移到安全地带。

雷雨大风红色预警信号

图标：

标准：2 小时内可能出现雷雨大风天气，风力达 12 级及以上并伴有强雷电；或已经出现雷雨大风天气，风力达 12 级及以上并伴有强雷电且可能持续。

防御指南

1. 政府及相关部门按照职责做好防风防雷应急和抢险工作；

2. 人员应当尽可能停留在防风安全和有防雷设施的地方，不要随意外出，关好门窗；

3. 切勿接触天线、水管、铁丝网、金属门窗、建筑物外墙，远离电线等带电设备和其他类似金属装置；尽量不要使用无防雷装置或者防雷装置不完备的电视、电话等电器；

4. 切断危险电源，妥善安置易受大风影响的室外物品，遮盖建筑物资；

5. 机场、铁路、高速公路、水上交通等单位应当采取保障交通安全的措施，回港避风的船舶要视情况采取积极措施，妥善安排人员留守或者转移到安全地带。

第三章　天气预报知多少

天气预报是如何制作的

资料收集

把地面气象观测站、气象雷达、气象观测船、气象浮标等观测的地面气象资料和探空气球、极轨气象卫星、静止气象卫星、飞机等探测的高空气象资料收集到气象资料中心，绘制成气象资料图。

分析预报

分析气象资料图，预报未来的天气。计算机结合初始气象资料和数理方程组，算出未来一定时段的大气运动状态，此过程叫作数值预报。

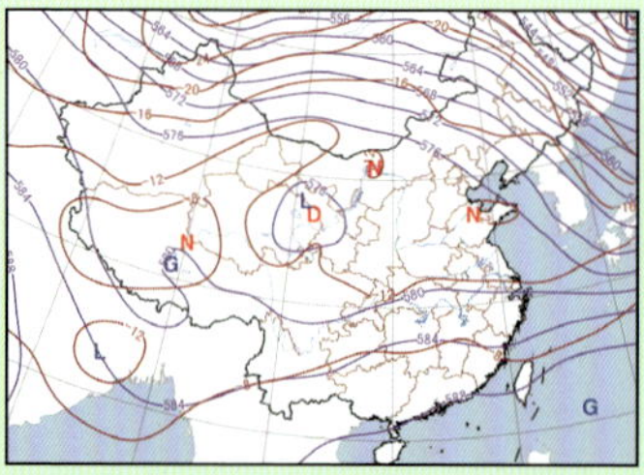

高空天气图

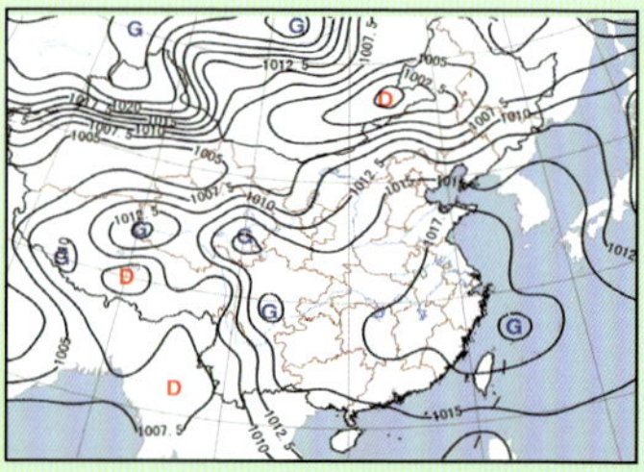

地面天气图

天气会商

数值预报的结果并不直接采用，预报员订正释用数值产品，每天通过中央到地方的逐级天气会商之后，才得出最终的预报结论。

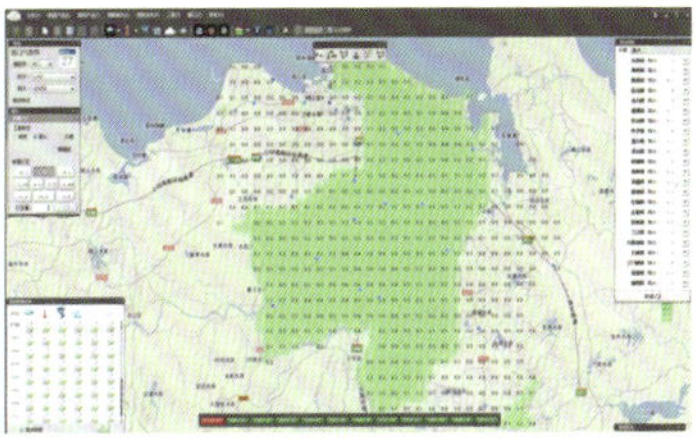

制作发布

预报结论通过预报制作发布系统制成报文，由地方到中央逐级发送，最后通过电视、报纸、广播、网页、移动客户端等平台对外发布。

天气预报的不确定性

大气运动变化莫测，目前的天气预报还只能是一种“概率”预报，从原理上就决定了它不是百分之百准确的。天气预报的不确定性，主要是由以下原因造成的。

“蝴蝶效应”：大气运动规律复杂多变，稍微一点点扰动，就可能瞬息万变。

观测误差：由于观测仪器的精度误差和观测站点的密度不够，会不可避免地出现观测误差。

解析误差：现代的天气预报是通过解大气运动方程而得出的计算结果，非线性的方程只有简化后才能计算；此外，计算机的浮点处理能力有限，必须进行一定的截断处理，所以计算误差难以避免。

多彩的天空

由于散射光所组成的光谱成分的不同，天空会呈现不同的色彩。

大气的散射系数与光的波长有关，气体分子能更有效地散射短波的蓝光和紫光，使天空呈现蓝色。

大粒子在所有波长上对光具有相等的散射作用，因此，当空气中大粒子很多时，天空就呈现白色或灰色。

太阳升起或落下时，由于太阳光传输路径更长，到达人眼之前，大部分蓝光和紫光被散射掉了，只剩下波长较长的红光，所以天空看起来就是红色的。

观云识天

云的形成

天空中瞬息万变的云实际上是悬浮在空中的小水滴或冰晶微粒，或是两者的混合体，是大气中的水汽在上升过程中通过凝结和碰并增长而形成的。

云的分类

按云的云底高度，分为低云（云底高度在 2500 米以下）、中云（云底高度为 2500 ~ 4500 米）、高云（云底高度在 4500 米以上）。

按云形成的物理过程和形态特征分为积状云、层状云、波状云。

积状云：较强烈的大气对流产生，云顶呈圆弧状，会产生短时阵雨或雷暴。

层状云：发生在大气层结较稳定的条件下，呈片状、层状，会产生毛毛雨或小雨。

波状云：由冰晶组成的层状、钩状、带状或纤维状的高云，一般不产生降水。

积状云　　层状云　　波状云

常见的云

淡积云：常为分散孤立的大云块。顶部呈圆弧形隆起，底部水平，云体边界分明。淡积云出现一般为晴好天气。

积雨云：云体浓厚庞大，云顶有白色的丝缕结构，云底阴沉混乱起伏明显，有时呈悬球状。积雨云可产生阵性降水，有时有雷暴或冰雹。

透光高积云：云块较小，轮廓分明，常呈瓦块状或水波状的密集云条，排列规则，但各部分透明度不同。薄的高积云稳定少变，一般预示晴天；若高积云发展增厚，并融合成层，则说明天气将有变化。

毛卷云：具有丝缕结构，柔丝般光泽，呈丝条、羽毛、马尾形，预示晴天。

钩卷云：形似逗号，云丝向上的一头有小簇或小钩，预示将在短期内有阴雨天气。

卷积云：似鳞片或由球状细小云块组成的云片或云层，常排列成行或成群。如果天空以卷积云为主，而又与卷云、卷层云有联系并发展，一般预示将有阴雨或大风天气来临。

简单识别卫星云图

气象卫星通过探测目标物在不同波段的辐射强度来识别大气系统的温度、湿度等气象要素，常用的有三类卫星云图。

可见光云图：主要用来监测白天来自于地面和云面反射的太阳辐射。物体的反照率越大，卫星接收到的辐射越大，色调越白，说明云的发展越旺盛。

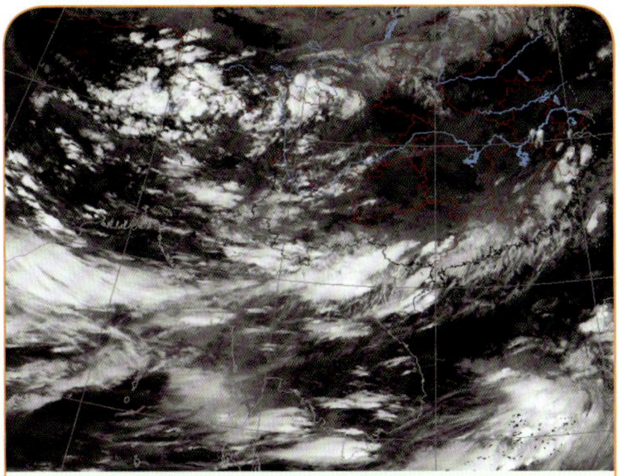

红外云图：实际是一张物体的亮度温度分布图，用于监测来自云面、地面和水面发射的长波红外辐射。物体温度越高，卫星接收到的辐射越大，色调越暗。根据色调深浅能判断云的种类，高云一般呈白色，低云呈暗色。

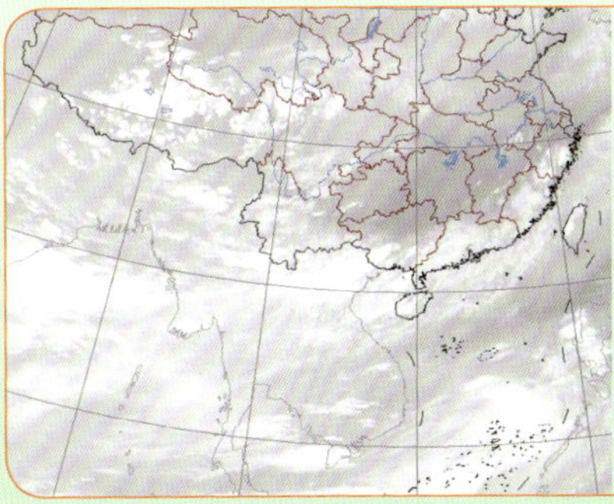

水汽图：监测对流层上部 8 ~ 12 千米范围内云中的水汽情况。在无云的情况下，卫星接收到的辐射越小、色调越白，表示水汽越多。

为什么会下雨

当天气系统来临时，会触发空气抬升，空气在上升过程中逐渐冷却凝结成小水滴，同时通过碰并增长，小水滴长成大水滴，当空气的浮力无法承受水滴的重量时，水滴就下落形成雨。

当受到台风、低压槽、冷空气等较强的天气系统影响时，上升运动剧烈，水汽充沛，上升气流中的水滴在云中反复穿行，会得到更多碰撞的机会，因此降雨强度会更大。

雨的测量

雨是从云中降落到地面的液态水汽凝结物，气象部门规定以 24 小时或者 12 小时内的降雨量来判定雨量等级。

雨量等级表

（单位：毫米）

雨量等级	12 小时量值	24 小时量值
微量降雨（零星小雨）	＜ 0.1	＜ 0.1
小雨	0.1 ～ 4.9	0.1 ～ 9.9
中雨	5.0 ～ 14.9	10.0 ～ 24.9
大雨	15.0 ～ 29.9	25.0 ～ 49.9
暴雨	30.0 ～ 69.9	50.0 ～ 99.9
大暴雨	70.0 ～ 139.9	100.0 ～ 249.9
特大暴雨	≥ 140.0	≥ 250.0

通常用雨量筒或者翻斗雨量计来测量降落在地面上未经蒸发、渗透和流失而积聚的雨水深度来测量雨量的大小，以毫米为计量单位。

在气象预报中，一场雨的大小，不论雨点有多大、多密，都是以 12 小时或 24 小时累积雨量来衡量的。1 小时内降雨量超过 20 毫米的降雨在气象上称为短时强降水，这时的雨常被大家误解成暴雨。

看雷达回波识雨

天气雷达是探测降水系统的主要手段，根据雷达回波特征可以判别降水系统的特性、雨强的大小。如何从雷达图上看出是否下雨？

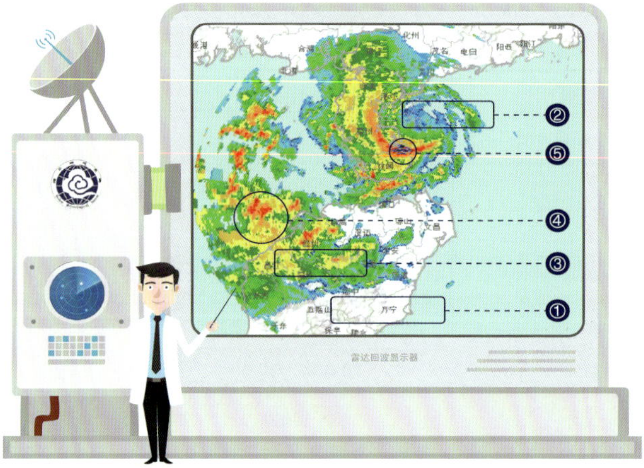

简单识别基本反射率雷达图

基本反射率雷达图一般以不同色块代表回波强度的大小，蓝色回波数值最低，紫色回波数值最高，数值越大，表示降水越强。

在上图中：

①一张干净的底图，说明天气晴朗；

②蓝绿回波，说明阴天或零星小雨；

③绿黄回波（“青椒炒蛋”），说明有小雨；

④红黄回波（“番茄炒蛋”），说明有雷暴天气，雨势较大；

⑤紫红回波，说明伴有强雷暴、大风、冰雹等剧烈天气。

根据动态的基本反射率雷达图，可以推断降水云的走向、移速等信息。比如，如果其显示云团自西向东移动，就说明未来东边将会出现降水天气。

人工增雨

根据各类云的特点，人为补充某些形成降水的必要条件，促进云滴碰并增长，从而达到增加降水的目的，人工增雨是缓解干旱的重要手段。

流程：根据当地降水实况、水库蓄水等需求，如需开展增雨作业时，需要提前开展作业需求申请，发布增雨作业公告，开展作业准备，在有利的条件下，经空管部门同意后，方可进行增雨作业。

原理：适当的时机、部位和催化剂剂量。

作业时机：云内垂直气流强、云的厚度大，一般在发展的浓积云阶段进行作业最为有利，云顶温度在 −25 ～ −10 ℃时催化效果较明显。

催化剂：一般在冷云中使用干冰和碘化银；在暖云中使用吸湿性盐，如氯化钙等作为催化剂。

撒播方式：飞机、高射炮、火箭、燃烧炉等。

撒播部位：对冷云催化剂，应播撒到含水量丰富的过冷水区；对积云降水，粗盐粉在云的中上部可以使生成的水滴尽量长大，而细盐粉在云的下方就可以由气流带到云中。

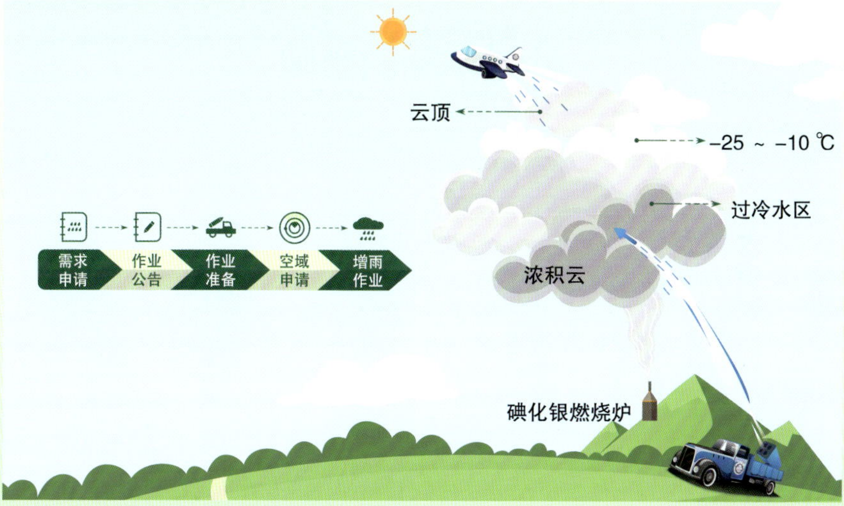

相对湿度

相对湿度（RH）是空气中实际水汽含量与在这一温度（和压力）时饱和水汽含量的比值，它表示的是空气接近饱和状况的程度而不是空气中实际水汽含量。

天气炎热时，湿度越高，人的体感温度越热；湿度越低，人的体感温度则相对较低。

天气寒冷时，湿度越高，人的体感温度越低；湿度越低，人的体感温度则较高。

风对体感的影响

无风：在无风的环境下，人体自然散发热量，在皮肤和寒冷的外部环境之间形成保暖层。

有风：有风的时候，空气流动会加速皮肤散热，破坏保暖层，把体表的热气带走。因此，夏天你会感觉凉快，冬天则让你觉得寒气袭人。